中國神話傳說

- 盤古開天 · 女媧娘娘
- 夸父追日 · 大禹治水
- 后羿射日 · 八仙過海

魏亞西 編著

新雅文化事業有限公司
www.sunya.com.hk

中國神話傳説

編　　著：魏亞西
繪　　畫：董俊、草草、屈明月、劉振君、秦建敏、朱世芳
責任編輯：胡頌茵
美術設計：李成宇
出　　版：新雅文化事業有限公司
　　　　　香港英皇道 499 號北角工業大廈 18 樓
　　　　　電話：（852）2138 7998
　　　　　傳真：（852）2597 4003
　　　　　網址：http://www.sunya.com.hk
　　　　　電郵：marketing@sunya.com.hk
發　　行：香港聯合書刊物流有限公司
　　　　　香港荃灣德士古道 220-248 號荃灣工業中心 16 樓
　　　　　電話：（852）2150 2100
　　　　　傳真：（852）2407 3062
　　　　　電郵：info@suplogistics.com.hk
印　　刷：中華商務彩色印刷有限公司
　　　　　香港新界大埔汀麗路 36 號
版　　次：二〇一七年三月初版
　　　　　二〇二四年九月第七次印刷

ISBN: 978-962-08-6751-4
© 2017 Sun Ya Publications (HK) Ltd.
18/F, North Point Industrial Building, 499 King's Road, Hong Kong
Published in Hong Kong SAR, China
Printed in China

認識中國神話傳說

　　世界上，不論在東方國家還是西方國家，人們都流傳着不少精彩的故事，這些故事經過代代相傳就成為了今日我們的神話傳說。

　　本書根據我國口耳相傳的六個古代神話故事，包括「盤古開天」、「女媧娘娘」、「夸父追日」、「大禹治水」、「后羿射日」和「八仙過海」，以淺白的文字演繹，結合了精美的繪畫，圖文並茂，給孩子展現了中國古代神話傳說的魅力。

　　在這些奇幻的創世神話裏，主角們都捨己為人，憑着堅韌的意志戰勝大自然，表現出我國中華民族無私的精神；加上故事情節生動，不但展現了人們豐富的想像力，反映出我國古代人對世界起源、自然現象的理解，還蘊含了發人深省的寓意。

　　每個神話故事後，附設「神話趣説」欄目，提供與古代神話相關的趣聞，包括神話人物介紹及相關名勝的資料，能加深孩子對中國古代神話傳說的認識，以及擴闊孩子的知識面。

目錄

盤古開天

——創世巨神

魏亞西　編著

董俊　繪畫

黑暗！一望無邊的黑暗！

沒有光，沒有空氣，沒有風。只有一絲絲黏稠的東西，在緩緩地流動、旋轉着。

在一片靜寂中，一萬八千年過去了。

有一天，這團東西終於有了變化。它像個碩大無比的雞蛋，好像有什麼正在孕育着。

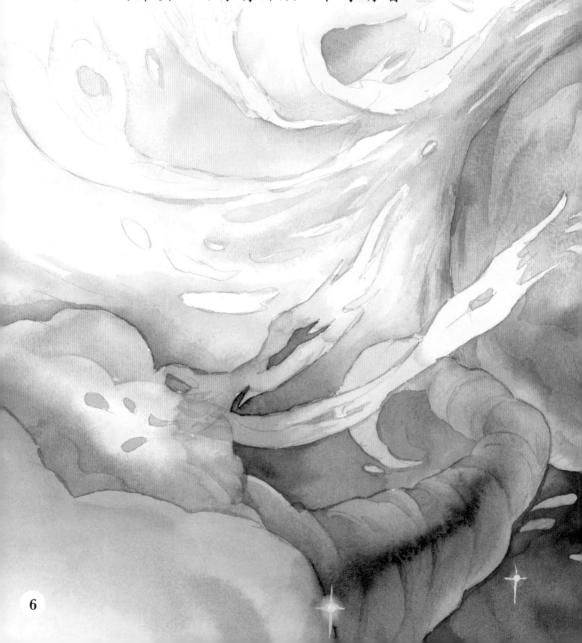

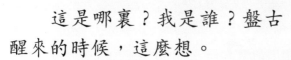

這是哪裏？我是誰？盤古醒來的時候，這麼想。

他睜開眼睛，眼前除了一片黑暗，還是黑暗。

他想打個呵欠，可是這裏沒有空氣，讓人窒息；他想伸一伸胳膊，蹬一蹬腿，可是，有什麼牢牢地束縛着他的身子，他一動不能動。

他想走，想跑，想跳……

「不，我不能忍受自己什麼也做不了！我不能忍受這樣的境地！」

盤古憋足了勁兒，使勁地掙了一掙，手竟然能動了。他還摸到一把斧子。

轟轟
隆隆隆
轟轟
隆隆隆

　　「啊──」，於是他大吼一聲，用盡全身的
力氣，握緊斧柄，奮力地揮動。
　　「轟隆隆」「轟隆隆」，一陣巨響過後，「雞
蛋」的殼被打破了。

轟轟 隆隆！

一瞬間，周圍的一切都活潑起來。無數絲絲縷縷的東西，像靈活的魚羣一樣，向着兩個方向游去。

　　那些輕而清的東西，飄飄揚揚地升到高處。它們的色彩是透明的藍，非常美麗。

　　另外一些重而濁的東西，不緊不慢地緩緩下沉。它們的色彩是厚重的黃，鮮豔而質樸。

盤古好奇地看着這一切。

這個世間，只有他孤零零的一個人，沒有人告訴他，這些是什麼，這些東西的變化，又是為什麼。

於是，他給自己原來待的「蛋」取名叫「宇宙」。

　　那飄上去的、美麗的藍色光幕，叫做「天」；而沉下去的、堅實的、硬硬的東西，叫做「地」。

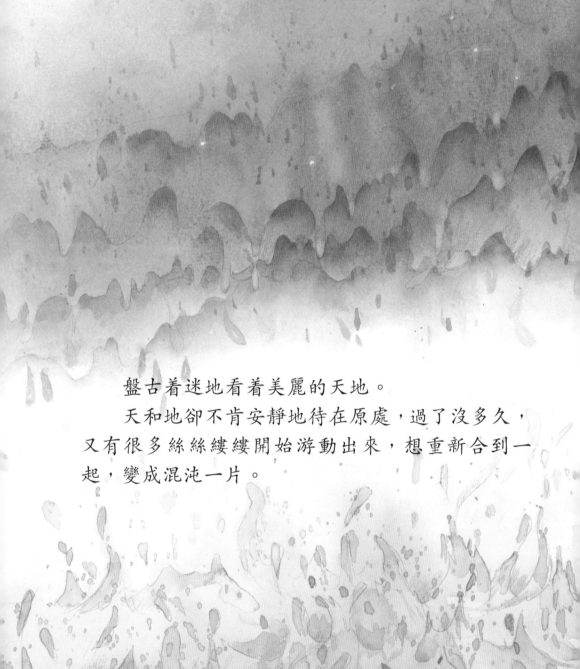

盤古着迷地看着美麗的天地。

天和地卻不肯安靜地待在原處，過了沒多久，又有很多絲絲縷縷開始游動出來，想重新合到一起，變成混沌一片。

　　盤古卻不願意世界再回到原來的樣子——他喜
歡現在這個初生的世界。於是，他站在天地之間，
腳踏着大地，舉起雙臂，撐起天空。

　　而且，他決定把天和地推得距離更遠一些，讓
它們永遠也不能合攏。

於是，他撐着天空，一刻也不停歇，還讓自己的身體不停地生長。

　　雖然這樣並不容易，可他還是這樣做了。

　　他每長高一吋，天就增高一吋，地就增厚一吋。

就這樣，他保持這個腳踏大地、手舉天空的姿勢，整整過了又一個一萬八千年。他變成了一個無比高大的、頂天立地的巨人。

而這時，天已經高得不能再高，地已經厚得不能再厚。天更藍了，像最美麗的翡翠；地變得那麼厚實，踏上兩腳，就從遙遠的深處發出「咚咚」的厚重回音。

天和地遙遙相望，都安靜地待在原地，再也不會合在一起了。

　　盤古向四周望了望，臉上露出微笑：多麼壯麗遼闊的世界啊！他堅信，自己所做的是值得的。

　　可是，盤古實在太累了，他滿足地歎息了一聲，展開巨大的身軀，轟然倒下，微笑着死去了。

在盤古死去的時候，又一場神奇的變化發生了：他的左眼變成太陽，右眼變成月亮，他的四肢和軀體變成了大地的四極和連綿的羣山，肌肉變成了肥沃的土壤，流淌的血液變成了江河和湖泊，筋脈變成了交錯的道路⋯⋯

他的骨骼變成了石頭和金屬，牙齒變成了珠玉寶石，皮膚和汗毛變成了花草樹木，汗珠變成了雨露甘霖，臨死時呼出的空氣變成了雲霧和風，聲音變成了滾滾雷鳴⋯⋯

整個世界變得充滿朝氣。

轟隆隆!!

又過了些時候，天地間慢慢有了飛禽走獸，有了人類……他們在天地間歡笑着，奔跑、跳躍，世界變得多麼喧鬧、熱烈而生機勃勃。

　　這就是盤古開天的故事。他用盡全部身心創造了世界。多少年來，人們崇敬、讚美着盤古，並熱愛着這個世界。

神話趣說

● 人物介紹

盤古是中國古代傳說中的神。在天地還沒有開闢以前，宇宙就像一個大雞蛋一樣混沌成一團。有一個叫盤古的巨人，在這個「大雞蛋」中一直沉睡了一萬八千年，他醒來後，憑着自己的神力把天和地開闢出來了，從此，宇宙中有了天和地。

● 法寶介紹

盤古從睡夢中醒來後，看見四周天地昏暗，就拿起一把巨大的斧子劈開了天與地，從此有了人類世界。這把盤古斧很神奇，它不僅能把天地分開，還能穿越時空，是傳說中的十大神器之一。

● 名勝介紹

盤古山位於河南省沁*陽縣，傳說這座山就是當年的盤古開天闢地、繁衍人類、造化萬物的地方。在盤古山的周圍還有盤古廟，裏面有很多與盤古有關的歷史人文景觀，在這裏舉行的盤古廟會在當地也非常有名。

盤古洞在湖南省懷化市沅*陵縣境內，洞內有一個巨大的石鎖，還有很多人工雕鑿的生活用具。在一張石牀上有一根好幾米高的鐘乳石柱，專家推測它的形成時間至少在一萬年以前。所以，盤古洞的形成年代很久遠。

＊沁：粵音閉。
＊沅：粵音元。

女媧娘娘

——救世女神

魏亞西　編著

草草　　繪畫

在盤古開天地之後，又過了很多年，天地間慢慢孕育出了鳥獸魚蟲，誕生了很多神仙。

有一個叫女媧的神仙，有一天，她在天地間遊逛的時候，忽然覺得非常孤單。

　　周圍是茂密的叢林，陽光暖暖地照着大地，幾隻小鹿在林間，睜着好奇的眼睛望着她。

　　女媧蹲下來伸出手，一隻小鹿走過來，用軟軟的舌頭舔了舔她的手心。女媧忍不住笑了起來。

　　小鹿仰起頭看着她，大眼睛忽閃忽閃的。
「小東西，你想說什麼？」女媧輕聲地問。
　　可是，小鹿聽不懂她的話，在原地跳了兩
下，忽然轉身跑了。

「對啊，我覺得孤單，是因為這些鳥獸
不能和我溝通，如果有誰能經常和我說說話，
那該多好啊！」女媧自言自語。

　　「對了，我可以創造更有智慧的生命呀！
只是，這個新的生命應該是什麼樣子呢？」
女媧沉思起來。

　　她沿着草地走着，不知不覺走到了
溪邊，溪水映出了她的倒影。女媧眼睛一
亮，心想：可以按照自己的樣子來創造呀。

於是，女媧彎下腰來，拿起一團泥土，加上溪水，比照着溪流裏自己的影子捏起了泥人，不一會，就捏好了一個。

女媧對着小泥人吹了一口氣，小泥人立刻就活了，他從女媧的手上跳下來，馬上蹦跳着開始了在這個世界的冒險：扯着藤蔓爬樹，摘野果子吃，高興得「咯咯」直笑。

45

女媧覺得這個生命很奇妙！她又開始捏泥人，這次，她用的水多一些，捏出來的泥人也更漂亮了。

這個小泥人活了以後，比前一個泥人文靜得多。於是，女媧把她創造的這種新生命叫做「人」，第一個小泥人叫做「男人」，第二個小泥人叫做「女人」。

從那以後，世界上就有了人類。因為人類是女媧照著神——也就是女媧自己的樣子創造出來的，所以人類比其他任何生物都更有智慧。

接下來，女媧不停地捏着泥人。她捏呀，捏呀，一直捏得手都痠了，可是，比起這個廣闊的世界來說，泥人的數量還是太少。

於是，女媧又想了一個辦法，用藤蔓沾上泥巴，在地上抽打。那些濺出來的泥點全都變成了小泥人，他們嘻嘻哈哈地走向四面八方，走進了這個世界。

女媧創造了人類。人既有智慧又勤勞能幹，他們慢慢學會了自己製作工具，種植農作物，生活得非常快樂。因為有了人類，這個世界也變得更加生機勃勃。女媧看到這些，心裏非常高興。

　　可是，幸福的日子沒過多久，災難忽然降臨了。水神共工和火神祝融打仗，水神打敗了，一氣之下，一頭撞在不周山上，只聽到「轟隆隆」一聲巨響，不周山竟被他攔腰撞倒了。

　　你知道不周山是什麼嗎？不周山是撐着天空的四根柱子之一呀！不周山一倒，天也塌了個大洞，從這個大洞裏會落下瓢潑大雨或是大火球。

再加上之前打仗的時候，水神弄出來的洪水、
火神弄出來的烈火，把人們的生活弄得一團糟。從
此人們背井離鄉，過着苦難的日子。

　　女媧看到人類的苦難，非常
着急，她想拯救自己創造的這些
孩子們。

　　為了把這些孩子們救出來，
首先就要修補天上的大洞。

　　用什麼來補天呢？這樣的
東西要結實，要經得起雷雨閃
電；要不輕不重，正好和天的
重量一樣；它最好是美麗的，
以免把天補得太醜。

　　最後，女媧想到了合適的
材料。她從江河湖海裏找來各
種彩色的美麗石子，把它們放
在火中熔煉，去掉雜質，去掉
最輕和最重的部分……

經過這樣的
熔煉，這些材
料變成了晶瑩
剔透的五彩石液。
女媧用它們補上了
天空，當它們凝固以
後，變得堅硬、美
麗、輕重剛剛好。

從此，在雨過天晴之後，天空上就會掛起一彎美麗的彩虹，這就是五彩石的色彩！

女媧把天補好後，仍擔心天會塌下來，於是又做了很多事。她找到了一隻巨大的海龜，用牠的四條腿代替了頂天立地的天柱，重新把天撐了起來。

然後，她又焚燒了很多蘆葦，利用蘆葦的灰燼填平了地上洪水泛流的溝壑。

接着，她斬殺了一條殘害人類的黑龍。

最後，她來到了人們躲避洪水的高山，告訴大家，災難已經過去了，帶着大家回到平原上生活。

人們又過上了幸福的生活。直到今天，人們都記着女媧對他們的愛護，把女媧當做人類的母親，稱她為「女媧娘娘」。

神話趣說

● 人物介紹

　　女媧是中國古代神話中的創世女神，人頭蛇身。她以泥土造人，創造人類社會。有一次，自然界發生了一場特大的災害，天塌地陷，猛禽惡獸都出來殘害百姓，女媧便熔煉出五色石來修補蒼天，又殺死了猛禽惡獸。關於女媧的傳說很多，至今在中國雲南的苗族、侗族還把女媧作為當地的始祖加以崇拜。

● 趣聞介紹

　　傳說女媧是一個真實存在的歷史人物，她的陵墓位於山西省臨汾*市洪洞縣趙城鎮東的侯村。女媧墓的存在時間可能在三四千年以上，同黃帝陵一樣，也是中國古代皇帝祭奠的廟宇之一。當地的人們在每年農曆三月初十前後，都會舉行長達七天的大型廟會和祭祀活動。

● 名勝介紹

　　在深圳市南山區蛇口海上世界，矗立着一座女媧補天的雕像。這座雕像由中央美術學院教授傅天仇先生創作，於 1986 年落成，它由乳白色的石頭雕刻而成，高約 12 米，寬約 7 米，神態威儀。女媧雕像的上半身是人，下半身是纏繞成一團的蛇尾，她的雙手托着補天巨石——五彩石，象徵着中華民族的創造精神。

＊汾：粵音焚。

中國神話傳說

夸父追日

——民旅英雄

魏亞西　編著

屈明月　繪畫

古時候，在大地之北的荒野，
高高的成都載天山上，居住着一
個名叫夸父的巨人。他是幽冥之
神后土娘娘的孫子。他的身材魁
梧高大，擁有一身神力。

夸父與部落族人一起生活，雖然
他們個個都是巨人，但夸父是他們之
中最出眾的。

　　夸父的身軀最高，力氣最大，最大膽，也最勇猛。他能隨手舉起巨石，能跟猛獸搏鬥，笑起來如同雷鳴，跑起來快過飛鳥。

　　部落裏的所有人都非常喜歡這個年輕人，而夸父，也真摯地愛着他的部落和族人。

有一天，夸父和
族裏的獵人們一起上
山，去追捕猛獸。當他們路過一棵
巨樹時，看到兩條黃蛇正在靠近幾隻小鳥，夸
父隨手捉住那兩條黃蛇，拯救了鳥巢裏的小鳥。

兩條黃蛇在夸父的手裏表現溫馴。牠們的顏色鮮豔又漂亮，夸父就把牠們掛在自己的耳朵上，當做耳飾。

傍晚，大家帶着獵物歸來，族人們圍着火堆，聚集在一起，分享今天的收穫。

　　只是，大家卻不像以往那樣快樂——長久以來，部落裏的幾位長老們都是愁容滿面。

　　在大家要散去之前，一位年紀最大的長老站起來說：「有一件事，我必須告訴大家——我們可能要離開這裏了。」

　　眾人沉默不語。這一年的氣候非常炎熱，太陽像烤爐一樣猛烈地烘烤着大地，樹木變得焦黑，河流即將乾枯，而莊稼都已經乾死了。

　　沒有新的水源，光靠打獵是無法生存的，他們必須再去找一個新的聚居地。

忽然，有一把響亮的聲音說道：「如果我們和太陽談談又如何呢？」

　　和太陽談談？大家驚訝地抬頭看去，說話的是夸父。「這件事情就交給我去辦吧！」夸父十分自信地說。

第二天，夸父一大早就來到東海海邊。當太陽從天邊冒出頭來，夸父就叫住了太陽和他商量，請他收斂光芒，不要把大地曬乾。

　　太陽聽了，驚訝又輕蔑地笑起來：「你竟敢對我提出這樣的要求！我給大地送去多少光和熱，全由我自己作主。這一點，連天神都無法干涉！」

　　夸父不肯退縮。他用堅定的目光迎視着太陽，說：「太陽，我向你挑戰！我們來比賽跑步吧，如果我贏了，你就得答應我的要求！」

　　太陽哈哈大笑起來，他一下子跳在三足烏鴉身上，嘲笑地說：「膽大妄為的小子！既然你要比賽……那麼，來吧，可不要後悔！」

太陽「呼」一聲從天空掠過，向着西方出發了。
夸父也邁開大步，開始飛速地奔跑。

　　呼……呼……夸父不停地跑着。風
在他身邊纏繞呼嘯，又被他遠遠地拋在身後。

　　呼……呼……跑過一座座高山，穿過一片
片樹林……

　　他有力的腳步在大地上轟響着，震起一片
片塵土。

在夸父跑過的地方，留下了一個個腳印。暴雨過後，這些腳印都變成了一片片湖泊。

他從鞋子裏倒出的泥土，瞬間變成了一座座山丘。

慢慢地，夸父離太陽越來越近了，他那拖在身後的影子越變越短，漸漸縮成了身下的一小點。

太陽放出更猛烈的光和熱，着急地催促着座下的三足烏鴉：「快點，再快點！」

　　跑了很長時間，夸父覺得有些吃力了。他順手
拔下路邊的一棵大樹，當做拐杖。有了拐杖的幫助，
他跑得比原來更快了。

他跑呀跑！不停地
跑！從東海跑到中原，
從中原跑到極西的荒漠……
夸父汗流如雨。

太陽眼睜睜地看着夸父超越了自己。

終於，他們氣喘吁吁地趕到太陽每天落下的
崦嵫*山，夸父正好比太陽早一點達到。他們都累壞
了。太陽的臉漲得通紅，沮喪地說：「好吧，你贏了，
我答應你。」

*崦嵫：粵音淹滋。崦嵫山位於甘肅天水縣，即今天的齊壽山。

　　夸父快活地笑起來，他要回去把這個好消息
告訴族人。

　　不過，比這個更要緊的，是要先找點水喝，
他實在是渴壞了，也累壞了。

　　夸父又開始奔跑起來。他跑到黃河和渭河，
俯下身子「咕咚」「咕咚」大口喝起來，兩口就
把河水都喝乾了。

可是，這還不夠！他的嗓子仍然在冒煙。他轉身就往北方跑去。聽說，北方有一片綿延數千里、無邊際的海——瀚海，那裏的水，肯定夠他喝的。

然而，瀚海實在是太遠了。夸父艱難地跋涉過了一片沙漠，他感覺自己更加焦渴，整個身軀彷彿要着火了。

　　跑啊，跑啊，夸父的身體開始搖晃起來。迷迷糊糊中，他的眼前彷彿出現了瀚海的影子。他迎着瀚海撲過去，只聽「轟隆」一聲巨響，夸父就這樣倒下了，再也沒有起來。

　　在他倒下時，手中拋出了用作手杖的那棵樹。當手杖落在地上時，它竟神奇地迅速開始萌芽、生長，變成了一片桃林。

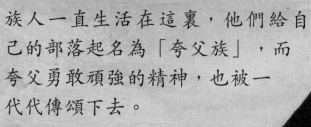

　　夸父的族人一直在打探夸父的消息。當他們聽到夸父的倒下的消息後，大家都痛哭起來。後來，族人一起遷徙到那片桃林，生活在這裏，感覺夸父就好像就在自己的身邊。

　　最後，太陽遵守了承諾。在夸父族人生活的地方，陽光變得溫暖而和煦。夸父的族人一直生活在這裏，他們給自己的部落起名為「夸父族」，而夸父勇敢頑強的精神，也被一代代傳頌下去。

神話趣說

● 人物介紹

　　夸父是我國古代神話中的巨人，善於奔跑。他是后土娘娘*的孫子，住在北方荒野的成都載天山上。山上酷熱的天氣令族人難以生活，夸父請纓去跟太陽交涉。他與太陽賽跑，即使又累又渴，他仍堅持不放棄，最終贏了太陽。比賽後，他口渴得一下子喝乾了黃河和渭河的水，在他跑去浩瀚海的途中，他終於不支倒下了。夸父的手杖變成了一座桃林，那裏後來成為了夸父族人的新家園。

● 趣聞介紹

　　夸父所在的夸父族，是一個巨人部落，族人的身高是正常人類的兩倍。他們生活在殤*州北部嚴寒的山區中。為了適應寒冷的氣候，他們身體的新陳代謝都比較緩慢，因此動作和速度也較遲緩。夸父族主要通過打獵來獲取動物的肉作為糧食。

● 名勝介紹

　　據說，夸父山位於現在的河南省靈寶縣西三十五里靈湖峪和池峪中間。夸父死後，他扔出的手杖變成了一片桃林，而他的身體，則變成了一座大山，這就是「夸父山」。他的族人們遷徙到這裏，居住在夸父山下，生兒育女，繁衍後代，生活非常幸福。

*殤：粵音商。
*后土娘娘是在盤古之後誕生的第三位大神。
　玉皇大帝負責掌管天界，后土娘娘負責主宰大地山川，是最早的地上之王。

大禹治水
——為民先鋒

魏亞西　編著

劉振君　繪畫

中國神話傳說

遠古時代，天地間發生了一場大水
災。暴雨如注，洪水滔天，大地都被滾滾
的波濤淹沒。

　　洪水沖毀了田園和村莊。無數人被
洪水捲走，倖存的人都逃到高山上。

　　然而，這只是災難的開始，洪水之
後，人類還要面對饑荒、瘟疫，還有那些
被洪水逼出來的毒蛇和猛獸。

洪水久久不退。人們含着熱淚
向上天祈禱，希望天帝能看到人間
的苦難，救救他們。

　　天帝聽到了人們的祈求，但他毫不在意，轉
身欣賞瑤池中的瓊花去了——在他看來，凡間的
人們，和螞蟻一樣渺小，根本不值得關心。

有一位善良的神，名叫
鯀*，他不忍心看到人們生活
得這樣悲慘，就偷偷拿了天帝
的寶物——息壤（可以自己生
長的神土），悄悄來到人間，
將息壤撒在大地上。

無數的土地從大水中生
長出來。多麼神奇
呀！人們又重新站
在地面上，高興得
歡呼雀躍。

＊鯀：粵音滾。大禹的父親。

天帝發現是鯀偷走了息壤，
大發雷霆。他派人捉住鯀，並殺
死了他，又把息壤收回。陸地飛
快地消失了，大地又變成了一片
汪洋。

　　三年過去了，那位給人間撒去息壤的英雄——鯀，他的屍身竟然仍完好無損。天帝有點害怕了，於是派人去查看。

就在這時，鯀的身體裂開了，一條矯健的蛟龍從裏面飛出，衝上天庭！這條蛟龍就是大禹。他是鯀的化身，神力卻比鯀更強。

　　大禹站在天帝的面前，目光堅定地注視
着天帝，請求天帝同意他去治水。

　　天帝覺得心虛，於是同意了大禹的請
求，還賜了一點息壤給他。

大禹帶着息壤來到人間，他在會
稽山召開了一次會議，請眾神一起來
商議治水的事情。眾神都準時趕
到，只有防風氏在會議開始後
很久才慢悠悠地過來。

　　原來，這是水神共工的詭計。由於洪水可以讓水神共工的力量變強，為了防止洪水退去，他暗地裏挑撥幾位神靈，讓眾神不要支持大禹治水。

　　大禹看着故意遲到、目中無人的防風氏，知道
不解決這件事，大家就沒法齊心協力。於是大禹果
斷地命人綁住防風氏，並殺了他。果然，那幾個原
來心懷鬼胎的傢伙，一下子都變老實了。

　　大禹又率領眾神，和水神大打了一場，水神大
敗，灰溜溜地逃跑了。

大禹除去了搗亂的人，便馬上開始進行治水的工作。他一邊小心地用一些息壤把陸地抬高，一邊採用疏導的辦法，開挖溝渠，把窪地裏的水導入江河，又把江河裏的水引入大海。

就這樣，他們不停地進行疏導工作。然而，走到黃河的時候，卻遇到了麻煩。黃河的水道實在太錯綜複雜了，如果弄不清水道的流向，疏導的工作就沒法進行。大禹心急萬分，到處奔走。

一天晚上，大禹登上岸邊的一座高崖，觀察黃河的情況。忽然，從翻湧的黃河裏跳出一個長着魚尾的年輕人。

年輕人自稱是河伯，他送給大禹一幅畫上黃河所有水道情況的卷軸，然後就轉身消失在河裏。有了這幅河道圖，治理黃河的工作就可以繼續進行下去。大禹的臉上露出了微笑。

他們繼續向前行，當到達龍門山的時候，發現黃河水在這裏被截斷了去路。於是，大禹決定，把龍門山劈開。

　　他拿起神斧，深深地吸一口氣，大喝一聲，鋒利的神斧如同閃電般落下，一下子把龍門山劈成了兩半。河水頓時有了出路，從劈開的山峽中間，「嘩啦啦」地奔湧而下。

接下來，他們又遇到一座大山。大禹同樣用神斧劈開了這座陡峭的高山，只是這一次，他用了三斧子。

河水流過這裏，被分成三股讓人驚心動魄的瀑布，從大山的三道口子中呼嘯而過——這就是今天的三門峽。

治好了黃河，大禹接着去治理淮河。在這裏他遇到一個愛搗亂的水妖——無支祈。無支祈長得像一隻巨大的猿猴，額頭高聳，鼻子塌陷，眼睛閃閃發光。

　　無支祈在淮河裏興風
作浪，每當大禹要開鑿河
道的時候，總是會出現狂
風暴雨。於是，大禹和眾
神一起，與無支祈展開了
激烈的搏鬥。

　　終於，大禹抓住了無
支祈，用大鐵鏈鎖住他的
脖子，把他壓在龜山下。

119

接下來，大禹率領眾人鑿
開淮河的河道，無邊的大水沿
着河道，直奔東方的海洋……

就這樣，大禹帶領着大家，
一心一意地治水。

經過了整整十三年，
終於，各地的水患都解除
了。洪水退去，人們又可
以在大地上安居樂業。

這時，大禹已經走遍了神州大地。為了治水，他曾經三過家門而不入；因為凡事都衝在最前面，他的手腳都磨出了厚厚的老繭，小腿上的汗毛也被磨得一根不剩；由於常年泡在水裏，筋骨受了傷害，走路的時候，動作變得比人慢。

然而，所有的付出總有回報。大禹的故事和功績，以及他為人們所做的一切，直到今天，仍然被人們牢牢記在心裏！

神話趣說

- **人物介紹**

　　大禹是中國歷史上第一位成功治理黃河水患的英雄。他的重大功績不僅在於治理洪水，使人民安居樂業，更重要的是他劃分了九個州，完成規劃國家的版圖。

　　傳說河伯是黃河的水神，魚尾人身。大禹治理黃河時有三件寶物，一是河圖，二是開山斧，三是避水劍。其中河圖就是河伯贈給大禹的，上面詳細地畫出了黃河的水情。

- **趣聞介紹**

　　大禹為治理洪水，奮戰了十三年，曾經三次路過家門都沒有進去。第一次是妻子生病時，第二次是妻子懷孕時；第三次是兒子剛出生時，大禹在門外經過，聽見嬰兒哭聲，強忍着沒進去探望。

- **名勝介紹**

　　大禹陵位於浙江紹興的會稽山，相傳是大禹的葬地，它由禹陵、禹祠、禹廟三大建築羣組成。周圍有很多山峯圍繞，清水潺潺地向東流去，使大禹陵更加壯觀。

后羿射日

——永生勇者

魏亞西　編著

秦建敏　繪畫

在很久很久以前，有一位勇士叫后羿，他因為射下九個太陽的壯舉，而被人們世代傳頌。想知道他的故事嗎？讓我講給你聽……

在遠古時代，東方有一
個天神叫帝俊，他有一個夫人叫羲
和。她生了十個兒子，就是十個太陽。

羲和和她的十個兒子住在東海之外的「甘
淵」，「甘淵」也就是「甜水」的意思。

127

義和非常疼愛自己的十個兒子，每天都在甘淵裏給他們洗澡。太陽的身體實在太熱，簡直像火一樣。他們洗澡的時候，整個甘淵的水都會沸騰起來。所以，人們又把這條河谷叫做「湯谷」。

　　洗完了澡，太陽們就到湯谷旁邊一棵巨大的扶桑樹上去休息。他們有九個住在樹枝上，餘下一個會在樹頂上值班。

這十個太陽是要輪流值班的。每天早上，值班的那個太陽，就騎上自己的三足烏鴉，飛上天空，從東向西，穿越整個天空，一直走到崦嵫*山為止。

*崦嵫：粵音淹滋。崦嵫山位於甘肅天水縣，即今天的齊壽山。

到了傍晚，這個太陽就會落下到山後的蒙水裏，懶洋洋地洗澡去，然後滾落到水中的虞淵——這裏直通湯谷，他很快就能回到兄弟們的身邊。這就是太陽一天的生活。

太陽們一直過着這樣規律的日子，日復一日，過了數不清多少年。到了人間是堯當皇帝的時候，有一天，十個太陽忽然一起湧上天空去！

　　原來，十個太陽覺得這樣的日子太無聊了，他
們嘻嘻哈哈一起在天空遊蕩，覺得這樣很有趣。

可是，這樣一來，地上的萬物就遭殃了。十個太陽一起炙烤着大地，地上的莊稼立刻乾枯，河流被烤乾，森林着了大火，大海很快就只剩下淺淺的一點點海水，森林裏和海裏的怪獸都跑了出來。而人們不是被太陽的高溫活活燒死，就是成了怪獸口中的食物。

人們在火海中苦苦掙扎，大聲呼救。堯帝也對着天空大聲禱告——他在向帝俊祈禱、哀求：管管您的兒子們吧，看看他們都做了什麼！

135

　　帝俊也覺得兒子們鬧得有點不像話了。於是，他叫來善於射箭的天神后羿，將一把紅色的神弓和一袋白色的羽箭交給他，吩咐他去人間，警告一下這些不聽話的孩子。

　　后羿帶着自己的妻子嫦娥來到了人間。他是個正直勇敢的青年，看到人間的災難，心中既是不忍，又非常憤怒。

　　他帶上弓箭，來到東海海邊，登上
一座大山，向着高高在上的太陽喊道：
「太陽們，你們聽好了，我是天帝派到
人間來的天神。你們只顧自己的快樂，
卻給人間帶來了沉重的災難，天帝命令
你們立即改正錯誤，不然……」

　　十個太陽聽了，你看看我，我看看
你，大笑起來。他們不以為然地嘲笑后
羿說：「我們是天帝的兒子，你一個小
小的弓箭手，也敢命令我們？」

　　后羿強壓着心中的怒火，繼續說：「你們看好了，在我手中的，是什麼都能射得下來的神弓，是天帝賜給我的。如果你們還不悔改，別怪我不客氣！」

　　十個太陽又是一陣大笑。其中一個太陽說：「你這把弓，射射小麻雀還可以，射我們，你敢嗎？」后羿向着天空拉開了弓箭，大聲說：「只要是我瞄準的事物，不管是人是神，哪怕再強大，我的箭也會射穿過去！再問你們一遍，你們到底回不回去？」

這次，十個太陽不笑了。太陽們被后羿的神箭對着，心底裏有點害怕了。他們聚到一起，嘀嘀咕咕地商量起來。過了一會，其中一個太陽說：「好吧好吧，我們回去！」

后羿鬆了口氣，收起了弓箭，他
也不想射死天帝的兒子。可是，他才
剛轉身，就聽到一陣大笑聲。

其中一個太陽說：「看，我們逗
他玩，他竟會相信！」另一個太陽說：
「我就知道沒人能管我們！因為整個
世界都是天帝的，我們是天帝的兒子，
我們愛怎麼玩就怎麼玩！」

后羿又轉過身，面對着天上的太陽。太陽們在天上，滿不在乎地遊來蕩去，而且發出更加強烈的光芒和熱浪。

他想起剛剛看到人間的慘狀，大地冒着青煙，那麼多人倒伏在焦黑的大地上，失去了生命⋯⋯

　　后羿抿*緊了唇，又攥*了攥拳頭。然後，他舉起了長弓，緩緩地把弓弦拉滿，說：「我最後一次問——你們回不回去？」太陽們齊聲說：「不！」

＊抿：粵音吻。輕輕地合上嘴。
＊攥：粵音賺。握緊之意。

146

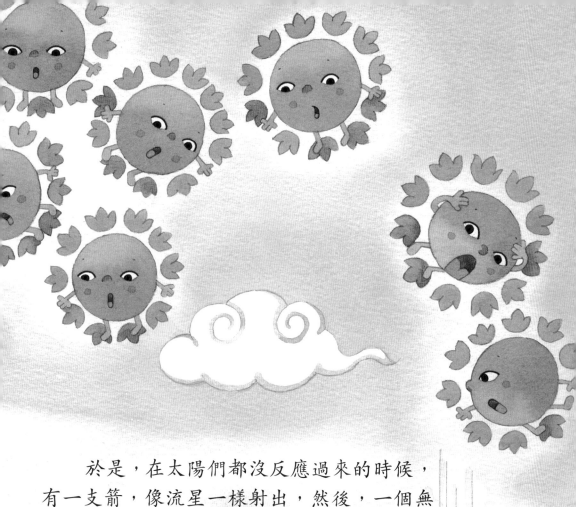

　　於是，在太陽們都沒反應過來的時候，有一支箭，像流星一樣射出，然後，一個無比燦爛的火球爆裂開來——其中一個太陽被射中了！火球劃過天空，遠遠地墜落在大地，變成了一隻金色的烏鴉。

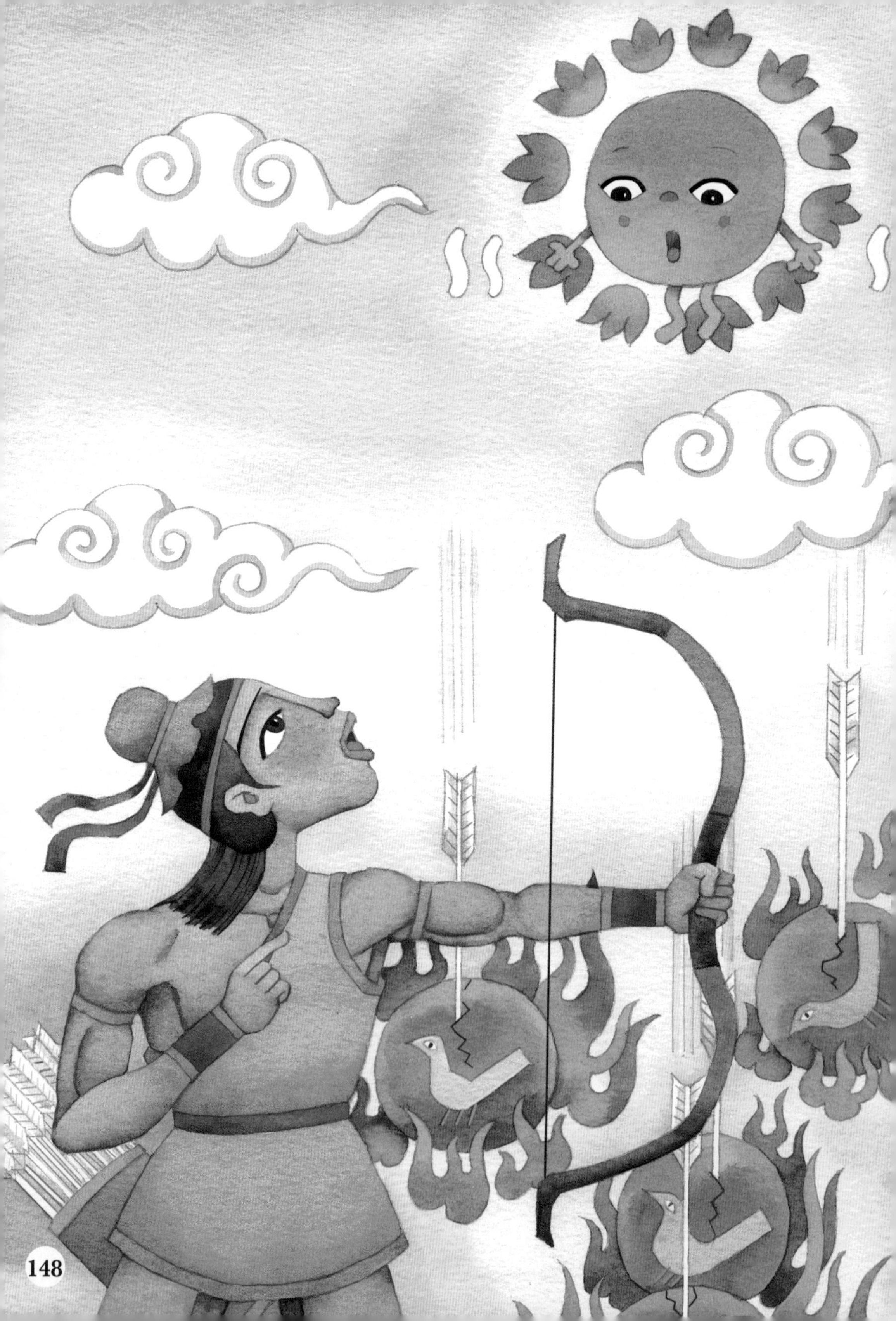

這下把餘下的九個太陽兄弟嚇得慌作一團，他們尖叫着躲避，四散奔逃。然而，這已來不及了，后羿的神箭一支支射出去，轉眼間，天空中就只剩下一個太陽。

剩下的這個太陽孤獨地待在那兒，嚇得一直發抖。后羿看了他一眼，收起了弓箭，說：「現在只剩下你一個了。去吧，去做你該做的事。只要你不再搗亂，我就饒了你！」

后羿大步走回人們居住的地方，一路上，他看到人們都在歡呼雀躍，流下激動的淚水，慶祝天空回復正常了。后羿不由得微笑起來。

後來，帝俊因為此事而發怒，下旨開除了后羿和嫦娥的神籍。接到這個壞消息時，后羿也只是笑了笑，沒有作聲。

當時，人間還有一些從山裏、海裏跑
出來的怪獸在大地上作亂，於是后羿又馬
不停蹄地出發，去射殺這些野獸。雖然后
羿不再是神仙，不能享永生，但是他在人
間卻成為了一位永生的勇者。

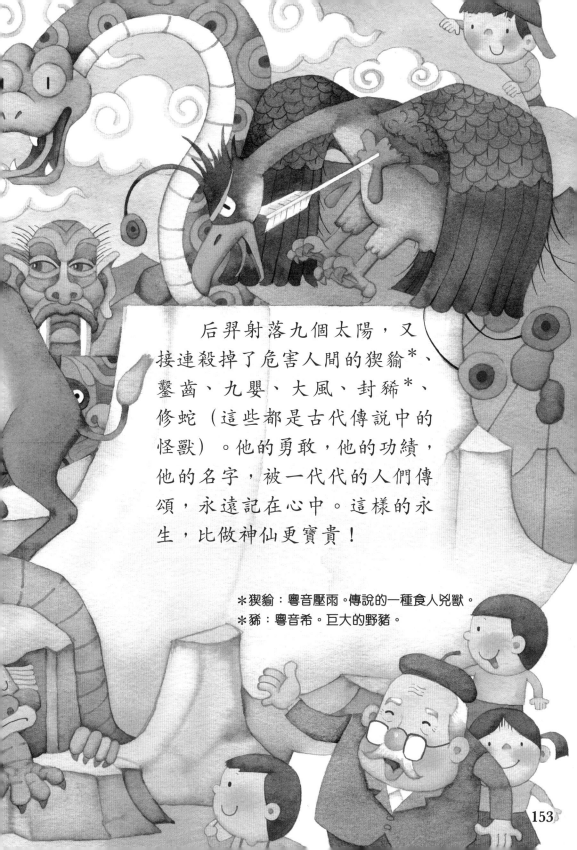

　　后羿射落九個太陽，又接連殺掉了危害人間的猰貐*、鑿齒、九嬰、大風、封豨*、修蛇（這些都是古代傳說中的怪獸）。他的勇敢，他的功績，他的名字，被一代代的人們傳頌，永遠記在心中。這樣的永生，比做神仙更寶貴！

*猰貐：粵音壓雨。傳說的一種食人兇獸。
*豨：粵音希。巨大的野豬。

神話趣說

- **人物介紹**

　　后羿是一位擅長射箭的天神。古時候，天上有十個太陽，烤得大地都乾裂了，后羿一連射下九個太陽，大地這才恢復正常，草木、莊稼又開始生長。后羿還射殺了不少猛獸毒蛇，人們尊敬地稱他為「箭神」。

　　傳說嫦娥是后羿的妻子，美貌非凡。她吃下了后羿從西王母那裏求來的長生不老藥，化為神仙飛到了月宮。

　　三足烏鴉又叫金烏、赤烏，傳說太陽裏有金黃色的三足烏鴉，是太陽之靈。牠們住在東方大海的扶桑樹上，每天清晨輪流從東方升起，傍晚又在西方落下。

- **名勝介紹**

　　崦嵫山，是古山名，傳說中為每日太陽落入的山。崦嵫山就是現今的齊壽山，位於甘肅省天水縣西，這座山橫跨兩大水系，是長江、黃河的分水嶺。

中國
神話傳說

八仙過海

——團結之師

魏亞西　編著

朱世芳　繪畫

鐵拐李

漢鍾離

何仙姑

韓湘子

　　小朋友，你聽過八仙的故事嗎？你知道八仙是哪八個神仙嗎？八仙就是：鐵拐李、漢鍾離、曹國舅、藍采和、何仙姑、韓湘子、呂洞賓和張果老。

曹國舅

藍采和

呂洞賓

張果老

　　傳說中有許多關於八仙的故事，接下來讓我們一起來讀八仙過海的故事吧。

　　話說，某年的三月三日，王母娘娘過生日，她請各路神仙一起去參加蟠桃*宴。八仙也受到邀請，於是一起去赴宴。

*蟠：粵音盤。蟠桃是一種扁圓形的桃兒，中間凹下，
　味甜多汁。

158

大家在宴席上喝美酒，吃蟠桃，有說有笑，非常開心。

藍采和還為大家表演了一個節目，他敲着白玉拍板邊唱邊跳，大家看得哈哈大笑。

159

宴席結束的時候，八仙都喝得半醉。看見
遠處的東海白浪滔天，呂洞賓提議說：「聽說
東海的風景特別好，我們一起去看看？」大家
一致贊成。於是，眾人駕起雲霧，趕往東海。

　　到了東海一看，哇，大海浩浩蕩蕩，一望
無際，海面上金光萬點，濤聲如萬馬奔騰，真
壯觀！大家的興致更高了。

　　呂洞賓又提議說：「不如我們來個比賽，
每人把一樣寶物扔到海面上，各顯神通，用它
渡海，怎麼樣？」大家都拍手叫好。

呂洞賓拿出寶劍、鐵拐李拿出葫蘆投入水中，寶劍和葫蘆一下變大了，像小船一樣浮在海面上。二人輕輕一跳，穩穩地站在上面，乘風破浪而去。

張果老拿出紙驢，「呼」地吹了口氣，紙驢馬上變成了一頭歡蹦亂跳的小驢。小驢昂着頭，四蹄翻飛，神氣地踏着波浪向前跑去。

接着，漢鍾離坐在芭蕉扇上，曹國舅腳踏玉板，何仙姑踩着荷花，韓湘子吹着洞簫，紛紛向前追去。

藍采和呢？他用那兩塊三尺長的白玉拍板，變成了一條白玉小船。白玉小船發出萬丈光芒，朵朵浪花撞在小船上，碎成漫天水珠，發出像仙樂一樣好聽的「叮咚」「叮咚」聲。藍采和乘着小船，笑嘻嘻地跟在大家後面。

　　龍王這時候正在水晶宮裏吃飯，忽然萬道
銀光從水面灑下，把龍宮照得晶瑩透亮。龍王
很驚訝，就派大太子去查看。

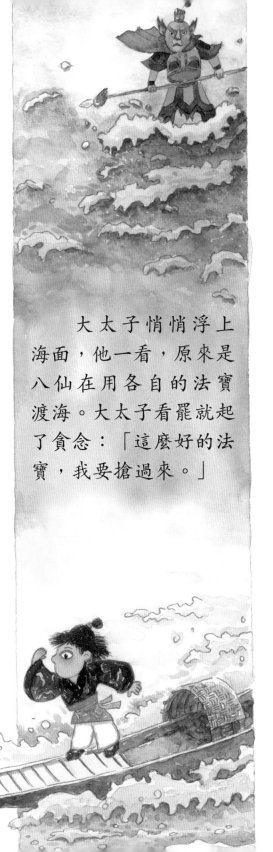

大太子悄悄浮上海面，他一看，原來是八仙在用各自的法寶渡海。大太子看罷就起了貪念：「這麼好的法寶，我要搶過來。」

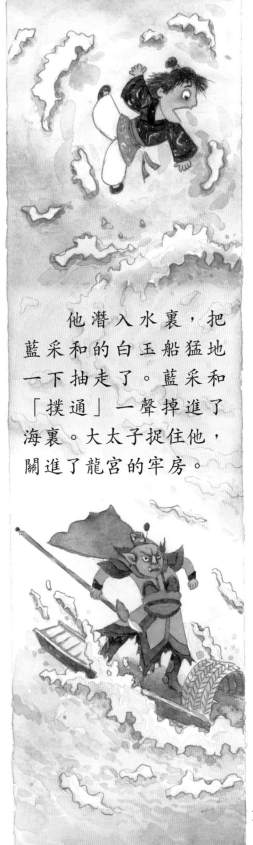

他潛入水裏，把藍采和的白玉船猛地一下抽走了。藍采和「撲通」一聲掉進了海裏。大太子捉住他，關進了龍宮的牢房。

其餘的七仙已經上岸了。眾仙都覺得這次
渡海非常好玩，大家都很興奮。

過了好一會，大家才發現藍采和不見了。
不會是在海上出了什麼事吧！

呂洞賓自告奮勇，率先回
去找藍采和。他駕着雲彩，朝
來時的方向飛去。

呂洞賓回到海上，正好
遇到了龍宮大太子，就向他詢
問。沒想到大太子不但不回答，
反而與呂洞賓動起武來。

呂洞賓生氣地拔出寶劍，刺
傷了大太子的手臂。大太子負傷
逃回海裏。

呂洞賓朝着海裏大喊，可是大太子就是不肯出來。看來藍采和一定是被龍宮的人捉去了。

　　呂洞賓拿出火葫蘆，往海裏一扔，火葫蘆一下變成了千百個，個個都往外噴火。大火燒得海水沸騰起來。呂洞賓大喊：「快點放藍采和回來，不然我燒乾你們的東海！」

龍王和大太子聽了，嚇得膽戰心驚，趕緊把藍采和放了。

藍采和終於回到岸上，和大家團聚了。他把經過一說，大家才知道，原來龍宮是為了搶藍采和的法器才抓人的，現在那白玉拍板仍沒還回來呢！

大家聽了都很氣憤，覺得龍宮真是欺人太甚。呂洞賓就和韓湘子一起，又去向龍王討回白玉拍板。

可是，龍王不僅不肯歸還，還派二太子帶着蝦兵蟹將來攻打他們。呂洞賓大怒，把寶劍往空中一扔，只聽見一聲巨響，寶劍不偏不倚正正落在二太子頭上，二太子一下被刺死了。蝦兵蟹將嚇得四處奔逃。

龍王憤怒極了，帶上龍宮裏所有的兵將，浩浩蕩蕩湧上海岸，來攻打八仙。八仙不敢大意，由張果老指揮，鐵拐李、呂洞賓用葫蘆燒海，曹國舅撒土成兵，何仙姑則用竹罩截住龍兵退路，眾仙也各顯神通，把龍王打得大敗而逃。

這時候，海水已經快燒乾了，蝦兵蟹將也都跑得無影無蹤。只剩下一座不怕火的水晶宮，豎立在海中閃閃發光。八仙在水晶宮裏找到藍采和的白玉拍板，大家都很高興。

　　忽然，滔天巨浪鋪天蓋地而來──原來龍王召來了救兵，四海龍王都來了，他們一起噴水，要把八仙淹死在海底！

幸好曹國舅身
上有一條避水犀寶
帶，他把這條寶帶
拆成八塊，八仙一人
拿了一塊，分開海水，
逃了出來。

八仙雖然轉危為安，
但都很生氣。呂洞賓說：
「他用水淹我們，我們乾脆用
土石把海填平！」於是，大家駕
起雲頭來到泰山，合力把泰山抬
了起來！他們把泰山抬到東海，往
海裏一扔，只見地動山搖，東海被
填平了，水晶宮被壓得粉碎。四海
龍王跑得快，逃了出來。

　　四海龍王吃了大虧，就跑到天庭去告狀，把
自己的錯都隱瞞下來，只說是八仙犯了錯。糊塗
的玉帝一聽，就叫人去捉拿八仙。幸好觀音在旁
邊，她讓人把八仙叫來，問個清楚。

　　聽完了事情的經過，觀音對玉帝說：「陛
下，這事的起因是東海龍王縱子行兇，強搶白玉
拍板，不如就罰東海龍王降職一級，兩年以後恢
復；八仙雖然情有可原，但他們填平了東海，還
是應該受罰，就罰他們一年不能領俸祿。您看這
樣可以嗎？」玉帝點頭同意。

　　然後，觀音領着大家回到東海，手指輕輕一抬，只見那泰山從海裏飛出，又飛回原處去了。觀音又把玉淨瓶裏的水往乾涸的海底輕輕倒了幾滴，霎時間，波濤滾滾，東海又像從前一樣煙波浩渺，水晶宮也恢復了原貌。

　　老龍王灰溜溜地回到水晶宮。而八仙呢？
他們高高興興地繼續雲遊天下，用各自的法寶幫
人們排憂解難，在各個地方，留下了無數動人的
傳說……

神話趣說

• 法寶介紹

八仙都有各自的法寶，鐵拐李有鐵杖和葫蘆，漢鍾離有芭蕉扇，藍采和有花籃和白玉拍板，何仙姑有蓮花，韓湘子有洞簫，曹國舅有玉板，呂洞賓有長劍，張果老有紙驢。

• 趣聞介紹

傳說每年的農曆三月初三是王母娘娘的生日，每逢這一天，王母娘娘都會在瑤池舉行盛大的宴會，並邀請各路神仙赴宴，來為自己祝壽，獲邀參加宴會的神仙們都會引以為傲。由於壽宴中以蟠桃作為主要食物，此盛會因而被稱作蟠桃宴。

• 名勝介紹

「八仙過海」故事中所提及的泰山是我國五大名山之一。泰山位於山東省中部，有「天下第一山」的美喻。現在，泰山已經成為了國家重點風景名勝區。在泰山風景區內，有許多山峰、山洞、溪谷、古樹等自然景觀和名勝古跡，每天來這裏遊客絡繹不絕。